美丽中国不是梦

西藏篇

张修玉 著

中国环境出版集团·北京

图书在版编目（CIP）数据

美丽中国不是梦.西藏篇 / 张修玉著. -- 北京：
中国环境出版集团，2019.10
ISBN 978-7-5111-3894-1

Ⅰ.①美… Ⅱ.①张… Ⅲ.①生态环境建设－概况－
西藏 Ⅳ.①X321.2

中国版本图书馆CIP数据核字(2018)第301710号

出 版 人　武德凯
责任编辑　易　萌
责任校对　任　丽
装帧设计　彭　杉

出版发行　**中国环境出版集团**
　　　　　（100062　北京市东城区广渠门内大街16号）
　　　　　网　　址：http://www.cesp.com.cn
　　　　　电子邮箱：bjgl@cesp.com.cn
　　　　　联系电话：010-67112765（编辑管理部）
　　　　　　　　　　010-67112739（第三分社）
　　　　　发行热线：010-67125803，010-67113405（传真）
　　　　　印装质量热线：010-67113404
印　　刷　北京建宏印刷有限公司
经　　销　各地新华书店
版　　次　2019年9月第1版
印　　次　2019年9月第1次印刷
开　　本　787×1092　1 / 16
印　　张　7.75
字　　数　82千字
定　　价　28.00元

目录

西藏篇 / 001

西藏 / 003

西藏·山海经 / 006

西藏·赞 / 009

诉衷情·西藏 / 011

西藏·三伏天 / 012

浪淘沙·西藏 / 013

山坡羊·忆西藏 / 014

西藏·一路向西 / 015

西藏·无人区 / 016

日落·无人区 / 017

行香子·西藏 / 018

行香子·藏途 / 021

西藏·格桑花 1 / 022

西藏·格桑花 2 / 023

忆秦娥·西藏 / 025

忆秦娥·西藏月 / 026

藏月·忆 / 027

藏·图 / 028

藏·行 1 / 029

藏·行 2 / 029

藏·路 / 031

西藏·219 国道 / 032

西藏·日喀则 / 033

拉萨篇 / 035

拉萨 · 忆元宵 / 036

拉萨 · 中秋 / 037

忆秦娥 · 拉萨 / 038

拉萨 · 布达拉宫 1 / 039

拉萨 · 布达拉宫 2 / 040

拉萨 · 布达拉宫 3 / 041

拉萨 · 布达拉宫 4 / 043

拉萨 · 布达拉宫 5 / 043

林芝篇 / 045

西藏 · 林芝 / 046

西藏 · 醉美林芝 / 047

林芝 · 桃花 1 / 049

林芝 · 桃花 2 / 050

林芝 · 巴松措 1 / 051

林芝 · 巴松措 2 / 052

林芝 · 鲁朗 / 053

林芝 · 色季拉山 1 / 055

林芝 · 色季拉山 2 / 055

纳木错篇 / 057

纳木错 1 / 058

纳木错 2 / 060

雪域 · 战狼 / 061

咏雪篇 / 063

雪域 · 草原 / 064

雪域 · 江山 / 066

雪 · 高原 / 067

雪 · 山 / 068

雪莲 / 069

忆秦娥 · 冰川 / 071

季节篇 / 073

春 · 思 / 074

春 · 桃花 / 075

藏 · 秋 1 / 076

藏 · 秋 2 / 077

藏 · 秋 3 / 078

藏·秋 4 / 079

藏·秋 5 / 080

藏·秋 6 / 080

秋·湖 / 081

藏·冬 1 / 082

藏·冬 2 / 083

冬·高原 / 084

冬·雪 / 084

忆秦娥·小雪 / 085

其他篇 / 087

雅鲁藏布江·南迦巴瓦峰 / 088

南迦巴瓦峰 / 089

那曲·科技行 / 090

鬼湖·色林措 / 091

西藏·阿里 / 092

西藏·阿里措勤 / 093

忆神山·冈仁波齐 / 094

岗仁波齐 / 095

扎什伦布寺 / 096

望·珠峰 / 097

藏密·坛城·曼陀罗 / 098

米拉山口 / 099

羊卓雍措 / 100

念青唐古拉山 / 101

藏·勉 / 102

藏·天 / 103

菩萨蛮·绿水长流绕青山 / 104

无题 1 / 105

无题 2 / 106

无题 3 / 107

无题 4 / 107

江湖行 / 109

寒风起 / 110

修·行 / 112

诗·远方 / 113

思·远方 / 114

思·念 / 115

夜·思 / 116

虞美人·走遍天涯朱颜老 / 117

行香子·天地诗心 / 118

西藏篇

西藏

极目穹顶雪山藏,
南迦巴瓦万丈光。
布达拉宫经轮转,
仁增旺姆唤情郎。
玛布日山朝霞黄,
拉萨河域净水淌。
万世轮回昆仑祭,
纳木错湖木舟荡。
雅鲁藏布江坚强,
独殇信仰如格桑。
东土西传文明道,
北斗南辰日月刚。
酥油茶浓青稞香,
油菜花开藏人忙。
纵横八万生态美,
上下五千文明长。

西藏·山海经

盘古开天终鸿蒙，女娲补天立奇功。

斗转星移日月旋，山海列传千古颂。

地球轴心混天成，阴阳对立万物生。

宇宙归一六维合，易出人间立三圣。

河图洛书万年经，洪荒大水天地倾。

上古传说昆仑载，天时地利传文明。

华夏编年育生灵，万物和谐五谷丰。

圣贤一出江山宁，众生乐活天下平。

西藏·赞

青山绿水红旗卷，
深谷圣湖跨天堑。
江河共舞生态驻，
日月同辉文明传。

诉衷情·西藏

生态文明中国梦，美丽雪域情。

三皇五帝传承，盘古终鸿蒙。

朝霞红，梵音浓，西藏行。

鹰击长空，气贯苍穹，别是功名！

西藏·三伏天

神峰圣湖伴红颜，

绿水青山映天蓝。

三生三世桃花落，

谁家梵音低抚弦。

浪淘沙 · 西藏

雪域枕高原，绿水青山。

疆土跃马无人烟。

神峰圣湖共携手，白云蓝天。

千山刺云巅，万水循源。

极目天宇望冰川。

多少王朝回头看，月下花前。

山坡羊·忆西藏

神山圣湖，天堂雪域。

千古传说藏何处，寻找香巴拉，不停步。

秦皇汉武云卷云舒；唐宗宋祖何从何去。

天，忆松赞干布；

地，忆松赞干布。

西藏·一路向西

西藏以西桑田苍，
神山圣湖阿里莽。
冈仁波齐信徒转，
札达土林胜天堂。
千山之巅群峰仰，
万水之源冰川藏。
象雄文明雪域载，
雍仲本教高原光。

西藏 · 无人区

喜马拉雅山麓长，
生命禁地雪莲芳。
身临绝境格桑艳，
天地诗心看洪荒。

日落·无人区

一缕秋风一阵凉，
喜马拉雅山麓长。
日落洪荒无人区，
人间大美看西藏。

行香子·西藏

千山戴冰，万水随风。

白云行，浅波清影。

马踏飞燕，鹰击长空。

迎八方客，五湖恩，四海情。

踏花随停，浪静风平。

酒香浓，醉意阑兴。

做个俗人，闲适余生。

吟半阙词，一首诗，三行令。

行香子·藏途

绿水青山，白云蓝天。

不停步，雪域高原。

轮转经筒，香缭神殿。

想磕长头，来朝圣，去觐见。

雪莲朵朵，格桑花妍。

豁然间，天堑深渊。

万水之源，千山之巅。

盼留村舍，渡沧海，耕桑田。

西藏·格桑花 1

雪域格桑花正妍，
倾听梵音唯悟禅。
幸福只因坚强在，
不羡哈达与雪莲。

西藏·格桑花 2

九月深秋降寒霜，
青稞荡漾簇金黄。
雪域高原群芳谢，
唯剩西风傲格桑。

忆秦娥·西藏

地对天，雪域高原梵音寒。

梵音寒，厚德载物，若水上善。

千山之巅风云卷，万水之源润桑田。

润桑田，虚怀若谷，海纳百川。

忆秦娥·西藏月

明月升，玉盘皎洁照布宫。

照布宫，拉萨古城，灯火通明。

南迦巴瓦刺夜空，珠穆朗玛贯长虹。

贯长虹，西藏月圆，雪域苍穹。

藏月·忆

古道夕阳红，
友人去无踪。
多情无语处，
唯见月悬空。

藏·图

风卷云舒高空飞，
茶马古道岁月催。
不负雪域高原寒，
西藏大美人自醉。

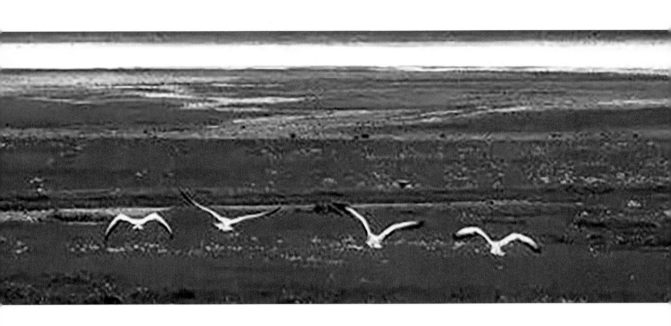

藏·行 1

雪拥寒峰马不前，
万军远征栖江边。
鸿雁不觉长徙苦，
鸣过乌云见南天。

藏·行 2

风卷云舒遮望眼，
人行藏地孤身单。
格桑花开佳人笑，
转山转水转经幡。

藏·路

风吹寒谷出平川，险滩失，巨龙盘。

极目天宇，红旗映天蓝。

车行藏道跃飞坎，忽惊喊，心亦悬。

峰回路转，歌柔溪声婉。

西藏·219 国道

光阴匆匆世事茫，人生碌碌竟短长。

来去得失花上露，名利荣辱草头霜。

项羽自刎落乌江，阿房宫冷失秦皇。

机关渗透虑皆忘，龙楼凤阁锁名缰。

闲来静处诗酒狂，遇景唱晚醉寻芳。

琴棋适性曲流水，花枝鸟语惊溪傍。

谈今论古评兴亡，人情反复世炎凉。

不负尘土岁月急，潇洒一路好风光！

西藏 · 日喀则

绛曲坚赞降萨迦，

扎什伦布立佛法。

班禅大师佑炎黄，

日喀则开格桑花。

拉萨篇

拉萨·忆元宵

玛布日山朝霞红，
千年拉萨亮禅灯。
正月十五元宵夜，
玉盘皎洁洒布官。

拉萨·中秋

雪域嫦娥照九州，圣城拉萨度中秋。

大昭寺庙钟声响，拉萨河水向东流。

玛布日山经轮游，布达拉宫禅心修。

高原举头月更近，佳节举杯消忧愁。

忆秦娥·拉萨

天宇蓝，梵音悠扬高原寒。

高原寒，千山之巅，万水之源。

布达拉宫谱松赞，文成足迹挂冰川。

挂冰川，昭寺钟响，雪域梦圆！

拉萨 · 布达拉宫 1

日出迷雾散，布宫露真颜。

雪域彩旗飘，嵯峨帝国撼。

公主嫁松赞，文明传高原。

华夏疆域阔，大唐盛世现。

众生福祉灿，佳话传千年。

弹指王朝倾，皇旗多变换。

东方红遍天，百姓把政参。

生态又文明，中国梦必圆。

拉萨·布达拉宫 2

日落雪山灯火明，

千年拉萨贯长虹。

布达拉宫今尤在，

不见松赞与文成。

拉萨·布达拉宫 3

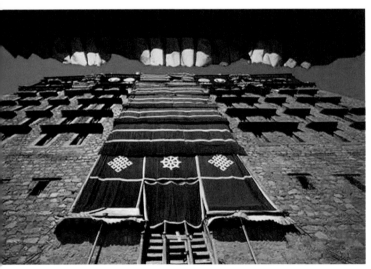

玛布日山朝霞红，
布达拉宫镇古城。
群楼殿宇横空立，
富丽堂皇贯苍穹。
松赞干布娶文成，
东土大唐九州统。
仓央嘉措念卓嘎，
儿女情长缚苍龙。

拉萨·布达拉宫 4

拉萨晴空万里云，
布宫苍穹隐星辰。
金戈铁马铅华落，
孤鸿往事忆故人。

拉萨·布达拉宫 5

大昭寺院钟声响，日出布宫罩金光。
感怀鬓白知几许，青山绿水路漫长。
松赞干布马蹄疾，文成公主思故乡。
千山之巅诗书颂，万水之源流东方。

林
之
篇

西藏·林芝

林天芝地信步闲，尼洋河，绿水翻。

南迦巴瓦，雪矛刺蓝天。

桃花深沟相斗艳，伊人笑，心意乱。

苯日神山，鹰飞峡谷寒。

西藏·醉美林芝

云雾袅袅冰川消，
尼洋潺潺弯弓刀。
苍松翠柏展雄鹰，
南迦巴瓦雪峰高。
雅鲁藏布峡谷峭，
苯日神山歪树梢。
笑问佳人何处归，
林天芝地桃花飘。

林芝·桃花 1

桃色花香心霏靡，
惜桃怜花两相宜。
桃来满园花烂漫，
望桃须有花催诗。
隔花探桃影相随，
窥桃赏花别样姿。
多少花前桃来客，
年年桃沟醉花枝。

林芝·桃花 2

桃沟花事浓，探桃花嫣红。

桃趣花亦笑，袭桃花香梦。

桃野花羞涩，落桃花雨声。

桃开花烂漫，醉桃花丛中。

林芝·巴松措 1

高峡出平湖，
新月镶峡谷。
山峦披墨黛，
碧水映日出。

林芝·巴松措 2

晨风轻拂巴松措，
一梦醒来白发多。
雪域江南载绿水，
人间天堂圣梵国。

林芝·鲁朗

林天芝地现鲁朗，龙王谷，溪水唱。

南迦巴瓦，雪矛万仗光。

色季拉山开格桑，酥油茶，青稞香。

马驰牧场，放歌扎西岗。

林芝·色季拉山 1

色季拉山入云端，
一路坎坷脚步缓。
淡淡松香沁心脾，
水墨丹青映眼帘。
天高林密残云卷，
豪情放歌绿水畔。
神清气爽亭中饮，
云雾袅袅似神仙。

林芝·色季拉山 2

艾草葱葱雾气清，
溪水涓涓景色宁。
倚栏听轩凭台望，
层峦峥峰险不惊。

纳木错篇

纳木错 1

唐古拉山披彩霞，
纳木错湖映天涯。
风起幡动琴声扬，
潮涨潮落育万家。

纳木错 2

唐古拉山云海谣，
纳木错湖水浪滔。
极目高原雪峰望，
腾格里海比天高。

雪域·战狼

饮马纳木错，
驱车当雄城。
兵临日喀则，
雄师镇亚东。

咏雪篇

雪域·草原

万顷碧草颜，一生流水闲。

十里桃花雨，半世定情缘。

掩映雪山在，未知墨香庵。

了悟听梵音，参禅孤峰寒。

雪域·江山

一缕狼烟烽火正连绵，

高山流水马蹄尽踏乱。

干戈纷乱折戟沉江边，

马革裹身雪域战高原。

又看见烟雨里的蓝天，

谁来画这幅梦境江山？

雪·高原

千山风雪卷云巅，
万水源泉挂冰川。
天堑扬鞭马蹄疾，
雪域高原王朝安。

雪·山

悬崖寒风刮，
峭壁飘雪花。
天宇高万仞，
望山跑死马。

雪莲

天籁梵音高山寒，
春夏秋冬藏雪原。
任凭群芳人间斗，
冰肌玉质不下凡。

忆秦娥·冰川

天宇蓝，梵音悠扬高原寒。

高原寒，千山之巅，万水之源。

布宫神僧谱松赞，极目苍穹挂冰川。

挂冰川，雪莲朵朵，格桑花艳。

季节篇

春·思

杨不解春意，柳不解卿忧。

流水不解思君泪，日日向东流。

花不解汝意，草不解奴愁。

东风不解相思苦，夜夜吹不休。

春 · 桃花

高山流水载扁舟，
十里欢歌送美酒。
春风化雨桃花开，
姹紫嫣红消乡愁。

藏·秋 1

神山圣湖绝人烟，

洪荒藏路直上天。

落日晚霞生暖意，

深秋高原美无边。

藏·秋 2

冰雪凉，水流长，
风吹平原青稞黄。
高山岗，放歌唱，
藏人秋收鞭悠扬。

藏·秋 3

一座禅寺一宫楼，
一架圣山一江流。
一卷经书一轮转，
一盘明月一城秋。

藏·秋 4

畅饮禅茶伴诗酒，笑抿旧恨添新愁。

醉忆杏李让桃羞，细品意蜜增情柔。

同赏日月度春秋，闲等你我共白头。

漫看云收又云卷，静听夜语水东流。

藏·秋5

秋风秋雨秋夜寒，

秋草秋叶秋水蓝。

秋阳秋景秋无限，

秋来秋君秋衣衫。

藏·秋6

秋雨秋风秋降霜，秋枝秋叶秋草黄。

秋云秋月秋气爽，秋菊秋雁秋收忙。

秋情秋意秋缠绵，秋思秋念秋惆怅。

秋来秋去秋日凉，秋冷秋寒秋加装。

秋·湖

神山遥遥云飘飘，
圣湖茫茫水滔滔。
极目天际人尽望，
何处秋风洗客袍。

藏·冬1

格桑孤寂念雪莲，
雪花纷飞舞自翩。
千里锦绣银妆裹，
万里江河不流川。

藏·冬 2

冬风冬雪冬夜寒，
冬树冬草冬水蓝。
冬阳冬景冬念君，
冬来冬去冬无眠。

冬·高原

徘徊长措暖，
阡陌高原寒。
半盏琉璃香，
独杯梵音禅。

冬·雪

天空雪花扬，
大地披银妆。
万树梨花开，
冬去春更长。

忆秦娥·小雪

雁飞南，今逢小雪北风寒。

北风寒，云霄直上，地暮天远。

一湖冰波夜无烟，万里锦绣缀江山。

缀江山，似舞如醉，瑞雪丰年。

其他篇

雅鲁藏布江·南迦巴瓦峰

林天芝地翻蛟龙，飞瀑落，冰川融。

雅鲁藏布，浪急波涛汹。

峡谷天堑拉弯弓，仰天啸，射大鹏。

崇山峻岭亮雪峰，天宇寒，白云腾。

南迦巴瓦，长矛刺苍穹。

绿水青山育文明，生态灿，社稷兴。

南迦巴瓦峰

云开雾散通天宫，
南迦巴瓦露真容。
格萨尔王门岭战，
魂牵梦绕羞女峰。
万仗长矛刺苍穹，
雅鲁藏布拉弯弓。
雪域峡谷飘梵音，
转山转水转朝圣。

那曲 · 科技行

藏北高原雪未干，
云卷云舒红旗展。
科技列车那曲行，
绿水青山变金山。

鬼湖·色林措

高原天湖出藏北，
冈底斯山镇魔鬼。
色林惧怕莲花生，
桑田沧海中华水。

西藏·阿里

留客畅饮阿里逢，

多少长恨犹晓同。

莫叹今宵醉是客，

江湖归梦无人中。

西藏·阿里措勤

远客山川阿里行，
近观天地措勤逢。
莫叹扎日南木措，
多少圣湖归梦中。

忆神山·冈仁波齐

雪域高原第一山，镶冰川，绽雪莲。
冈仁波齐，冈底斯北流狮泉。
象雄佛法渡众难，唯信仰，连山转。

神峰尊像似橄榄，七彩冠，镇普兰。
大象卷水，释迦坐花莲。
朝圣神山许心愿，华夏美，文明灿。

岗仁波齐

岗仁波齐映天蓝，
宗教神山美名传。
敦巴辛饶从天降，
一生一世如心愿。

扎什伦布寺

尼色日山腾紫烟，
罗桑曲吉圣班禅。
贡台灯火经文颂，
藏传格鲁佑黄炎。

望·珠峰

盘古开天终鸿蒙，
万山之巅绝生灵。
喜马拉雅昆仑立，
斗转星移出珠峰。
宇宙洪荒九州空，
华夏文明四海同。
沧海桑田西藏载，
仰望珠峰露峥嵘。

藏密·坛城·曼陀罗

世间三千繁华，

不过一掬细沙。

一沙拥一世界，

坛城曼陀罗刹。

米拉山口

米拉山口高，
大雪满弓刀。
太昭失古城，
苍穹经幡飘。

羊卓雍措

念青唐古出，
冰雪汇圣湖。
风卷残云开，
高原镶碧玉。
迷雾布峡谷，
善水载厚物。
高僧颂梵音，
极目升天宇。

念青唐古拉山

念青唐古拉，白衣飘白马。

三百六十骑，利剑佩锴甲。

雪域拉弯弓，高原出游侠。

大亲眷光明，梵界留神话。

藏·勉

苏武饮血终不屈，张骞万里通西域。

班超没笔镇西戎，祖逖闻鸡起翩舞。

华夏疆域待一统，九州山河新征途。

壮哉美丽中国梦，福哉生态文明路。

藏·天

天，

高远，蔚蓝；

无纤尘，近云端；

包容万物，浩瀚无边；

苍穹甚广阔，彩霞亦斑斓；

乾坤日月轮转，阴阳地支天干；

日月同辉山河秀，风清气朗满人间。

菩萨蛮·绿水长流绕青山

绿水长流绕青山，云开雾散天地宽。

日出格桑艳，鹰飞峡谷寒。

圣湖木舟荡，神峰挂冰川。

雪莲朵朵开，牧歌满田园。

无题 1

斗转星移日月长，
山重水复宇宙荒。
寒来暑往光阴去，
天地诗心向远方。

无题 2

一夜春雨润百花，
两岸锦绣妆千家。
三月春风绿万物，
四方暖阳甜香瓜。
五邑江水纳百川，
六合盛景兴云涯。
七彩人生炫四季，
八风品尽赏晚霞。

无题 3

往事如烟多寂寥，
临风把酒才堪豪。
红尘万丈千秋事，
弹指一笑化春潮。

无题 4

万仗红尘中弄潮，
千秋大业风浪高。
波澜不惊明又暗，
定心清野享终老。

江湖行

发际鬓白如雪飘，
不减豪气当年少。
溪边抚琴弄弦拨，
白衣策马长天啸。

寒风起

寒风凛冽草叶稀，

暮归家园朝加衣。

万仗红尘长恨去，

人生何处不知己。

修·行

山高湖未名，
云低溪流静。
红尘多烦事，
随禅去修行。

诗·远方

千山之巅行诗心，
万水之源洒纶巾。
一遇高原终身误，
从此天堂尽路人。

思·远方

纸短情长枕黄粱，

年深月久当自强。

物是人非言难尽，

痴心一片思断肠。

思 · 念

念卿思卿几多情，
思思念念到天明。
为伊奔走万千路，
不负光阴不负卿。

夜·思

幕落苍穹雪山寒，
月光流水星满天。
梦里倚栏空对饮，
幽思如柳柳如烟。

虞美人·走遍天涯朱颜老

走遍天涯朱颜老，白发添多少？

冉冉青春渡西风，唯忆鸿鹄之志水流东！

少年得志浮名榜，何须龙门望。

感念父爱重如山，恰似云雪共暮天地宽！

行香子·天地诗心

千山浮沉，万水艰辛。

蓦回首，空付劳神。

利禄功名，尘世归隐。

念身中苦，心中愁，梦中人。

越马扬鞭，追星逐辰。

忽抬头，冰川老林。

神峰圣湖，天地诗心。

看溪流水，江流舟，山流云。